Divulgación Científica

Cuarto Volumen del Décimo Libro de la Serie

365 Selecciones.com

Pedro Daniel Corrado

Este cuarto tomo pertenece al Décimo Libro de la Colección 365Selecciones.com, en donde trataremos temas de Divulgación Científica. Los primeros nueve libros de la misma son los 365 Cuentos Infantiles y Juveniles, Poesías Clásicas y Libros Célebres, disponibles en el mismo sitio de internet.

En este décimo libro estaremos publicado lo relacionado con los descubrimientos científicos. La lectura como permanente ejercicio ayuda a disciplinar nuestro intelecto y nuestro espíritu, dotándolos de gran precisión para expresar nuestras propias ideas, y fortalecer de esta manera nuestra independencia de criterio.

Muchas de las ilustraciones son únicas y de gran valor artístico.

Los otros libros de la Colección incluyen Cuentos Sagrados; Cuentos de la Naturaleza; Cuentos de Reyes y Reinas, Princesas y Príncipes; Cuentos Variados; Cuentos de Hadas, Duendes y Gnomos, Cuentos Heroicos, Poemas Clásicos y Libros Célebres. También estaremos publicando libros de Arte. Estoy convencido de que toda la colección será un verdadero Tesoro que sus hijos agradecerán toda su vida.

También será un regalo para Usted mismo, ya que le permitirá completar su formación profesional, ya que quedará sorprendido por varios de los tomos científicos que publicaremos, por su exposición didáctica y original, abierto a todos los públicos.

ISBN-13: 978-1523986439 / ISBN-10: 1523986433

Es el acceso directo al conocimiento

EDITORIAL HIGHWAY ES PROPIEDAD DE PATH SOCIEDAD ANÓNIMA ARGENTINA

Editorial HIGHWAY es un emprendimiento de PATH Sociedad Anónima, Argentina. Nos ocupamos de editar y difundir contenido Cultural, Educativo, Científico y Tecnológico de gran calidad pedagógica que forma la base del aprendizaje de toda persona que quiera cultivarse, al mismo tiempo que se entretiene.

Estamos interesados en editar todo tipo de material que profese una alta calidad espiritual e intelectual, que ayude a la niñez y a la juventud, así como a las personas adultas y mayores, en la permanente formación de valores cristianos, y que impulse el espíritu de independencia de criterio y solidez interpretativa, fomentando al mismo tiempo la educación continua.

Estaremos gustosos de recibir sus correos, así que no dude en escribirnos.

Vea todas las Novedades en nuestro sitio www.365selecciones.com

Correo Electrónico: info@365selecciones.com

PATH SOCIEDAD ANONIMA DE ARGENTINA

Clave Fiscal: 30-64999935-6

HIGHWAY es marca registrada de PATH Sociedad Anónima N° 1.789.936 para la Clase 38

CONTENIDO

DEDICACION

Deseo dedicar toda esta obra a mi madre Alcira Sorani, quien siempre fue mi sostén en todo momento, y a Ekaterina Shiyko quien me alentó en la recopilación. Deseo dedicarla también a los Sagrados Corazones de Jesús y la Virgen María, a San Alberto Magno, Santo Tomás de Aquino, San Ignacio de Loyola, y a todos los mártires cristianos.

RECONOCIMIENTOS

Deseo las mayores bendiciones espirituales y materiales para todos mis maestros, profesores, amigos y bienhechores. Un especial recuerdo para el Dr. Luis Enrique Smidt, quien me ayudó y guió en mis comienzos como profesional independiente, así como a la Dra. Viviana Andrea Lerchundi y la Dra. Estela Marta Coria. A mi querida hermana Graciela Alcira y Carlos Martín Erwin Neumann, ambos amigos y socios. Un especial reconocimiento para Walter Montgomery Jackson a quien solo conocí a través de múltiples lecturas que formaron la base de muchos de mis conocimientos.

LOS GRANDES MEDICOS DEL MUNDO

NO se han dado vidas más preciosas para el bienestar de la humanidad, que las de los grandes médicos y cirujanos. A no ser por estos hombres la raza humana se hubiera reducido en gran manera por la multitud de dolencias que son fatales al hombre. Aun hoy día, a despecho de la ciencia, la peste siega cada año millones de vidas en la India y en otras partes. A no ser por la pericia de los médicos, lo mismo ocurriría en el mundo entero.

Si Europa hubiese tenido un promedio de mortalidad tan elevado como el de la India, durante el siglo XIX y XX, en el transcurso de pocos años aquel continente se convertiría en un desierto, ya que el promedio de mortalidad es en Europa más bajo que en la India. Nuestros médicos no sólo nos curan cuando estamos enfermos; también nos enseñan a observar ciertas leyes que, de seguirlas, nos conservarían, hablando en general, la salud.

¿Cómo, pues, podemos preguntar, se las componían los hombres para vivir, cuando los médicos no se conocían aún?. La respuesta es, que en ninguna época de la historia humana han dejado de existir médicos.

JUAN HUNTER — GALENO — EDUARDO JENNER

SIR JAIME SIMPSON — HIPOCRATES — GUILLERMO HARVEY

No poseemos ningún libro escrito para ilustrarnos sobre los médicos de los primitivos tiempos, mas, de todos modos, la historia nos llega escrita en los huesos que hemos hallado de estos hombres. Restos de individuos que vivieron hace millares y millares de años, nos demuestran que muchos de ellos sufrieron lesiones terribles, y que los médicos de aquel entonces los curaron completamente de ellas.

Se han descubierto cráneos a los que se había quitado el hueso dañado, substituyéndolo por un nuevo hueso. Un cirujano a la primera ojeada, puede asegurar si la operación fue o no acertada. Al hallar el nuevo hueso soldado con el antiguo, conoce que el cirujano salió airoso de su empresa. Pero nos encontramos con muchos otros ejemplos de operaciones que no tuvieron término feliz; el hueso sin soldar da muestra que el paciente murió, a pesar de las tentativas de su médico.

No solamente hallamos cabezas rotas que han sido recompuestas, sino huesos que demuestran cómo brazos y piernas lesionados eran amputados por medio de toscos instrumentos de sílice, y sanaban a pesar del imperfectísimo tratamiento recibido.

¡Qué maravillosa historia del pasado nos cuentan tales restos!. Los hombres eran salvajes, vivían en lucha continua con las fieras y con sus semejantes. Su vida debió de ser desesperadamente dura y cruel. Lesiones en huesos que podemos asegurar. que son de mujer, nos muestran cómo ésta en ciertas épocas tenía parte en las batallas de los hombres, y recibía los mismos golpes durísimos que estos.

Hombres y mujeres lucharían por sus rebaños y por los mejores pastos para su ganado, lucharían por los sitios donde abrevar a éste, lucharían por las cavernas donde vivían o querían vivir. Y en estas luchas infligirían o recibirían terribles lesiones de flechas y lanzas de sílice, de hachas y proyectiles de piedra.

Pero el primitivo hombre salvaje albergaba alguna ternura en su corazón. Curaba a su allegado herido, y la mujer asistía al guerrero doliente. Durante meses, mientras las lesiones en la cabeza o en los miembros se curaban, alimentarían y asistirían al herido, y así nos certifican que lo hicieron las señales de que el herido se restableció. Y, al estremecernos ante el cuadro de combates y de sangre en que nuestros antepasados remotos pasaron su vida, no podemos menos de experimentar un sentimiento de admiración hacia el hombre que, salvaje como era, abrigaba sentimientos de amor y de ternura por sus compañeros en la hora de la adversidad.

LOS HÁBILES CIRUJANOS QUE VIVIERON MILLARES DE AÑOS ANTES DE JESUCRISTO

Toda esta cirugía es muy tosca y chapucera; y muchos, muchos siglos habían de pasar, antes que los hombres llegaran a ser más hábiles. Hasta fecha muy reciente se supuso que la cirugía había empezado en rigor con los egipcios. Pero los maravillosos descubrimientos realizados en Creta, al hablarnos de una civilización magnífica que allí existió, de un poder marítimo y unas hazañas militares que dieron a los cretenses un vasto imperio millares de años antes del nacimiento de Jesucristo, nos atestiguan que debieron de existir cirujanos y médicos expertísimos en aquella tierra, mucho tiempo antes de lo que se suponía que comenzó la cirugía en Europa.

Hemos de limitarnos, sin embargo, a hechos de los cuales tenemos completa certidumbre. Por un momento distingamos claramente entre medicina y cirugía. La cirugía consiste en el tratamiento y cura de lesiones del cuerpo por medio de operaciones. El restablecimiento por la medicina, sin embargo, nada tiene que ver con las operaciones: en este respecto los antiguos eran muy ignorantes.

La medicina era una práctica en gran parte supersticiosa: abundaba en cantos y conjuros y toda suerte de supercherías. En cirugía, no obstante, se hacían maravillas, teniendo en cuenta el estado de conocimientos de la época. Existen documentos en papiro, que datan de 3.500 años antes de Cristo, por los cuales vemos que en aquel tiempo era muy común la práctica de operaciones quirúrgicas dificilísimas; y han llegado hasta nosotros, de remotísimos tiempos de Egipto, instrumentos quirúrgicos tales como los que hoy día nosotros usamos.

MOISÉS, EL PRIMER GRAN MÉDICO DE EGIPTO, Y SUS SABIAS LEYES HIGIÉNICAS

El primer gran médico de Egipto no fué uno de los cirujanos brujos de los faraones, sino Moisés. No amputó miembros lesionados, ni confeccionó con sus propias manos medicinas para los enfermos.

Pero Moisés tenía un maravilloso conocimiento de las leyes de la salud, e hizo que los Israelitas siguieran un código de reglas para su limpieza y bienestar, que los mantuvieron en buena salud y en vigor durante los cuarenta años de sus peregrinaciones por el desierto, quedando luego como una herencia de salud para la nación.

Si las espléndidas leyes higiénicas que Moisés dictó, catorce siglos antes de que Jesús viniese al mundo, pudiesen hoy día imponerse en nuestras ciudades, salvarían millares y millares de vidas cada año.

Los métodos de Moisés no están rodeados de ningún misterio; sus leyes eran sencillas, sanas reglas de ciencia práctica. Pero el amor de lo misterioso, de los falsos prestigios, y el crecimiento de la superstición, fueron durante mil años, un grave obstáculo para el progreso de la medicina.

Llegamos a un período anterior a Cristo en unos 460 años, fecha en que nació el gran Hipócrates. Su nacimiento tuvo lugar en la isla de Cos, frente a la costa del Asia Menor la cual es famosa por ser también patria de Apeles, el gran pintor. Durante muchas generaciones la familia de Hipócrates había practicado la medicina, y la actitud del pueblo respecto a ellos nos ilustra sobre el modo de pensar de la época.

LOS TEMPLOS DE LOS DIOSES, CONVERTIDOS EN HOSPITALES PARA LOS ENFERMOS

Creíase a Hipócrates descendiente de un dios. Fué un médico-sacerdote o sacerdote-médico, como habían sido antes que él los miembros de su familia. Los hospitales eran templos, cuidadosamente elegidos para obtener las mejores condiciones de luz, aire puro y agua, y abrigo contra los vientos fríos. El templo propiamente dicho estaba en el interior del edificio, afuera había pórticos que formaban lo que ahora llamaríamos las salas del hospital. Y allí los pacientes rogaban a sus dioses, y eran tratados en sus dolencias por Hipócrates y sus discípulos.

LOS ANTIGUOS MÉDICOS QUE NADA CONOCÍAN SOBRE EL FUNCIONAMIENTO DEL CUERPO

Hasta entonces nadie sabía nada sobre la acción del corazón humano, sobre el movimiento de los miembros, sobre el funcionamiento de los pulmones, sobre el proceso de la digestión, o sobre la manera cómo el calor se mantiene en el cuerpo. Naturalmente, pues, el tratamiento era muy sencillo.

No comprendiendo el funcionamiento del cuerpo humano, no podían tener ninguna idea clara acerca de la enfermedad que el paciente sufría. Tratar una dolencia bajo tales circunstancias es, desde luego, en rigor, imposible. Hipócrates mejoró mucho semejante estado de cosas. Estudió con ahínco, poniendo en uso un nuevo y notable sistema terapéutico.

Cuando una persona estaba enferma, Hipócrates observaba cuidadosamente el progreso de su enfermedad. Las personas que sufriesen de enfermedades similares, debían ser atendidas del mismo modo. Por consiguiente, conocido el curso de la dolencia, se podía predecir lo que ocurriría, tomar precauciones para los períodos que debían seguir, y disponerse para luchar con cualquier nuevo aspecto del mal, Ello puede no parecer importante, mas lo era en un tiempo en que los médicos; no sabiendo nada sobre enfermedades, trataban al paciente como si la enferme dad de cada día no guardase ninguna relación con la enfermedad que había pasado.

Los doctores eran meras máquina! inconscientes; Hipócrates los hizo observadores, meditativos y experimentados,. Desde luego, en su sistema no había mucho aún de notable, pero el más joven de nosotros puede ver que lo hasta aquí dicho ya constituye un hecho grandioso en la historia de la medicina.

LA GRAN OBRA QUE HIPÓCRATES REALIZÓ EN BIEN DE TODA LA HUMANIDAD

Alrededor de Hipócrates se agrupaban gran número de discípulos afanosos por aprender sus procedimientos y aplicar sus leyes. Les hizo a todos jurar solemnemente que respetarían a su maestro como a un padre, que compartirían generosamente sus conocimientos con sus compañeros, que se conducirían con honorabilidad inmaculada y que jamás divulgarían un secreto adquirido en la sala de los enfermos.

Hipócrates murió entre 377 y 359 antes de Jesucristo; y sus escritos constituyen un don precioso para la humanidad. Los hombres no fueron bastante sensatos para comprender cuánto había hecho en realidad por la salud del cuerpo humano. Uno de sus descubrimientos fué, que en el curso de ciertas dolencias podía seguirse escuchando ciertos sones en el pecho del paciente.

Fueron precisos 2000 años para hacer este conocimiento realmente útil, y entonces Laennec, un médico bretón, inventó el estetoscopio, que, ahora todo médico lleva consigo, para escuchar los latidos del corazón, y los movimientos de los pulmones.

La obra de Hipócrates fué continuada en la gran escuela de Alejandría, pero posteriormente los hombres se separaron de esta sana ciencia que él enseñó, y se dieron a mil extravagancias y locuras.. Hasta los tiempos de Galeno, no se retornó a la sana doctrina.

Galeno nació en Pérgamo en el Asia Menor, en 130 antes de Jesucristo, y se cree que murió en Sicilia en 201. Estudió en su patria y luego en Esmirna, Corinto y Alejandría. Su intenso estudio de la fisiología y su clara lectura de las doctrinas de Hipócrates, le hicieron famoso como médico. Ejerció en Roma, donde pronto se puso a la cabeza de todos sus colegas en conocimientos y experiencia. Por ello le odiaron sus rivales, y no cejaron en sus manejos hasta que consiguieron alejarle de la ciudad.

CÓMO GALENO ENSEÑO A LOS MÉDICOS DE EUROPA DURANTE MIL AÑOS

Galeno reunió todas las más sanas enseñanzas de los que le habían precedido, y añadió a ellas los resultados de sus propias observaciones. Durante un millar de años, las doctrinas de Galeno fueron la base de todo cuanto Europa poseía de la ciencia de curar las enfermedades.

Maravilla hoy día el considerar cuánto supo, y con todo, cuánto ignoró. Para todos los que le habían precedido, los nervios eran unos tendones misteriosos. Galeno supo que los nervios son los hilos telegráficos del cerebro, y que sin ellos no existe sensibilidad. Otros habían sido desconcertados por los músculos, mas Galeno descubrió que en ellos se contiene la fuerza con que se lleva a cabo el trabajo del cuerpo. Supo que los mismos obraban, pero no supo decir por qué. « Los miembros de los animales tiene peso—escribía,–y, como los otros cuerpos graves, tienden a caer al suelo. ¿Cómo es, pues, que pueden moverse en todas direcciones? »

Galeno fué el primero en juzgar del estado de salud por el pulso del paciente, aunque no comprendió que el pulso dependía de la actividad del corazón.

Galeno nada supo de los productos químicos. Todas sus medicinas estaban confeccionadas con materias vegetales o animales. ¡Una de sus prescripciones para una grave enfermedad consistía en polvos de caracoles, hiel y pimienta!.

En una palabra, no fueron en rigor sus prescripciones, sino las grandes leyes que descubrió, lo que tanta importancia le da en la historia de la medicina.

COMO LOS ÁRABES ATESORARON LAS OBRAS DE LOS GRANDES MÉDICOS

Desgraciadamente para la humanidad, las leyes de Galeno no fueron en general observadas. Los europeos olvidaron a Hipócrates y a Galeno, mas los cirujanos y médicos árabes conservaron las obras de estos dos grandes hombres. Sus escritos fueron vertidos del griego original al árabe, y más tarde vueltos a traducir al griego y al latín. No es de maravillar, pues, que al fin las obras resultasen demasiado complicadas para ser comprendidas, o tan incorrectas que constituían un verdadero peligro.

Muchos de los médicos eran hombres groseros, estúpidos, supersticiosos, que creían en la magia y en los encantamientos. Los había, que creían poder hallar un solo metal o medicina que haría a los hombres felices para siempre, dándoles juventud y salud perpetua.

Sin embargo, también había médicos que mantenían el arte en su pureza; entre ellos un cirujano, Guido de Chauliac, médico del Papa que realizó muchas operaciones peligrosas y escribió un gran libro de cirugía, todavía hoy interesante. Le llaman algunos el « Padre de la cirugía moderna ». Se ha descubierto recientemente que en la Edad Media florecieron varias escuelas medicales, una de ellas bajo el directo Patronato de los Papas. Varias ciudades tenían hospitales que hacían mucho bien, aunque desde luego, no eran como nuestros hospitales de hoy. La asistencia, en algunos de ellos, estaba a cargo de hermanas que han continuado en la misma misión.

LOS PADRES DE LA CIENCIA MÉDICA

Hipócrates, el más ilustre de los antiguos médicos griegos, es llamado « el
padre de la ciencia médica», porque enseñó la necesidad de estudiar
completamente los síntomas de una enfermedad antes de intentar curarla.
Artajerjes, Rey de Persia, ofreció a Hipócrates grandes recompensas si se
decidía ir a Persia, mas éste se negó a dejar a su país

UN FRANCÉS FAMOSO QUE SUAVIZO LOS PROCEDIMIENTOS DE CURAR A LOS PACIENTES

Los cirujanos y médicos europeos estaban reducidos a sus propios
recursos; por sí mismos debían buscar el camino y los medios para
realizar su cometido. Era preciso desechar la magia y la superstición
y adoptar sanos métodos.

Guillermo Harvey, médico de Carlos I, ha sido llamado, como Hipócrates, « el padre de la ciencia médica », porque fue el primero en descubrir y demostrar la doble circulación de la sangre. Aquí vemos a Harvey explicando su gran descubrimiento a Carlos I

Uno de los primeros grandes hombres de la cueva escuela, fué Ambrosio Paré, cirujano francés nacido cerca de Laval, a comienzos del siglo décimo sexto. Agregado al ejército francés como cirujano, demostró poseer un talento originalísimo. En las guerras desplegó tanta piedad como pericia. No solamente pretendía curar a los soldados de sus heridas, sino curarlos por los medios más suaves. Hasta entonces, si se amputaba un miembro, la herida causada por el cuchillo era a menudo cauterizada—es decir, se quemaba la herida con un hierro candente, para atajar la hemorragia.

Paré aprendió a ligar las arterias cortadas, con lo cual evitaba el desangramiento del herido. Perfeccionó también el tratamiento de las lesiones producidas por las balas. En muchos otros respectos perfeccionó la práctica quirúrgica, y enseñó a todo Europa sus métodos, escribiendo acerca de sus descubrimientos, de modo que pudiesen enterarse cuantos lo deseasen.

Son dignos también de mención el doctor John Caius, médico de la Reina María, que fundó el Caius College, en Cambridge, y el gran Vesalio que alcanzó renombre como cirujano y como maestro, y por fin fué médico del Emperador Carlos V, cargo que ya había ocupado su padre antes que él.

EL GRAN DESCUBRIMIENTO DE LA CIRCULACIÓN DE LA SANGRE

A pesar de la obra de Paré y de tantos otros, reinaba todavía una ignorancia grande acerca del funcionamiento del cuerpo humano. Guillermo Harvey nació en Inglaterra, en 1578. Grande era la obra que debía realizar. Era hijo de padres acomodados, que pudieron enviarle a estudiar a Padua, escuela italiana de medicina mucho más adelantada que todas las escuelas inglesas de aquel entonces.

De allí, Harvey fué a Bolonia y a Pisa, y por último volvió a la Universidad de Cambridge, donde ya había estudiado. Obtuvo el título de Doctor en la Universidad de Padua y de Cambridge. En Italia oyó lecciones de Galileo sobre la ley de la mecánica recientemente descubierta; y oyó a Fabricio Acquapendente, quien había descubierto que las venas tienen unas válvulas que empujan la sangre en cierta dirección.

Los más eminentes doctores examinaban el cuerpo humano y permanecían tan perplejos por el fluido de la sangre y por el calor del cuerpo, como estaríamos nosotros al ir en un coche motor sin saber cómo funciona el mecanismo que nos arrastra. Ya se había sospechado la verdad.

Algunos italianos dicen que un tal Cesalpino fué quien en verdad descubrió hecho tan importante antes que Harvey, mas ello no es cierto. Harvey demostró que cuando el corazón se contrae realiza su función de esparcir la sangre por todo el cuerpo. Fué un gran hallazgo de la verdad, completada con el descubrimiento de los capilares por Malpighi, italiano famoso.

No podemos menospreciar a los médicos de los pasados siglos; muchos de ellos vislumbraron en realidad algunas de las grandes verdades de hoy día.

Harvey publicó su gran descubrimiento como si se tratase de la simple cura de un resfriado de cabeza. Todo ello se dió en lecciones a unos pocos estudiantes de Londres. Al divulgarse la nueva, los demás médicos le persiguieron encarnizadamente. Pero alcanzó ver en vida su descubrimiento creído y honrado por todos, aunque no fuera sino después de pasados largos años.

JUAN HUNTER, QUE COMPRABA ANIMALES PARA ESTUDIAR LOS PROCESOS DE LA VIDA

La obra de Harvey hizo adelantar la cirugía; mas quedaba aún mucho por hacer. Otro gran paso lo dió Juan Hunter, nacido en Escocia en 1728. Siendo niño, gustaba más de jugar que de estudiar, y nunca consiguió dominar por completo la gramática y la pronunciación, por más que años después escribió sobre cirugía libros de incalculable valor.

Su primer paso en la vida fué como aprendiz de su cuñado, ebanista. Pero el ebanista quebró; y Juan se fué a Londres, donde su hermano Guillermo, diez años mayor que él, ejercía de médico. Guillermo solía dar lecciones, y Juan le auxiliaba enseñando las cosas sobre lo que Guillermo hablaba.

Juan estudió con ahínco, y entró en el Hospital de San Jorge, donde a los veintiocho años llegó a ser cirujano. Entonces entró en el ejército, como cirujano, para servir tres años. Vuelto a Inglaterra, practico dicha profesión en Londres. Todo el dinero que ganaba lo destinaba a procurarse animales y distintos objetos que le ayudaban a comprender la llamada anatomía comparada.

Este es el estudio de la estructura de animales diversos, que nos permite apreciar cómo las diferentes formas de vida se parecen unas a otras. Este es uno de los medios de información médica y quirúrgica más en boga hoy en día, al cual se deben adquisiciones científicas importantes.

CÓMO HUNTER CURABA A LOS DEMÁS SIN PODER CURARSE A Si MISMO

Juan tenía genio para el trabajo científico. Solía dar lecciones sobre sus descubrimientos, pero más a menudo ponía los frutos de su labor en manos de su hermano Guillermo. Este decía a sus maravillados oyentes: « Yo soy simplemente el expositor; el descubrimiento se debe a mi hermano ». Juan fué nombrado cirujano del rey y su fama se esparció por toda Europa.

Sus éxitos no le envanecieron; gustaba de trabajar por trabajar, y por el bien que de ello resultaría para sus semejantes. Sin embargo, a pesar de sus profundos conocimientos, con los cuales curaba a los demás, no pudo curarse a sí mismo de la dolencia cardíaca que sufría. Un día fué a una reunión que prometía ser borrascosa. Sintiéndose mal, dijo Hunter a un amigo: « Si ocurre algún altercado, será fatal para mi ». Un altercado sobrevino, y el pobre Juan Hunter, trastornado por la excitación, salió tambaleándose de la sala y cayó muerto de un ataque cardíaco.

EDUARDO JENNER, QUE ESTUDIÓ LA VIRUELA Y DESCUBRIÓ LA VACUNA

Uno de los discípulos de Juan Hunter, que se hizo famoso, fué Eduardo Jenner, el inventor de la vacuna. Nació en Inglaterra, en Mayo de 1749, y murió en su pueblo natal a los setenta y tres años de edad. Después de seguir las enseñanzas de Hunter, se estableció en Berkeley, y allí, durante veintiún años, estudió la eficacia de la vacuna contra la viruela. Hasta 1798, a los cuarenta años de profesión, Jenner no dió a conocer sus descubrimientos.

Creía y esperaba que, difundiendo la vacuna por todo el mundo, la viruela dejaría por completo de existir. Al principio, su teoría encontró vehemente oposición, la cual perduraba hasta principios del siglo XX todavía; pero al cabo de un año, más de setenta notabilidades médicas de Londres firmaron un artículo declarando su fe en ella. Las nuevas del descubrimiento cundieron por todo el mundo civilizado, y Jenner recibió grandes honores y, un enorme premio en oro que le decretó el Parlamento.

Al paso que, como hemos dicho más arriba, había todavía oposición contra la vacuna, por parte de gente que no cree prudente introducir materia enferma en un cuerpo sano, los defensores de esta práctica señalan el hecho de que antes ocurrían epidemias de viruela que arrebataban millares de vidas y enloquecían a las gentes de terror. Ahora nadie teme mucho a la viruela, y las muertes causadas por la misma son menos frecuentes.

EL HIJO DEL TAHONERO QUE AHORRO MUCHOS SUFRIMIENTOS A LA ESPECIE HUMANA

La cirugía avanzaba cada día más. Hasta el punto a que ha llegado nuestra historia, sin embargo, todas las operaciones quirúrgicas debían realizarse con plena conciencia del paciente.

Aquellos de nosotros que no hayan conocido peor sufrimiento que el de una muela arrancada sin anestesia, apenas pueden imaginar las torturas que nuestros abuelos soportaban en operaciones más largas y más serias. El resultado, era, claro está, la pérdida de muchas, muchísimas vidas, simplemente porque los hombres y mujeres eran incapaces de resistir el padecimiento que las operaciones les causaban.

Sir Jaime Young Simpson no nació «Sir Jaime», porque era hijo de padres muy pobres. Su padre era un tahonero escocés, cuyos negocios andaban de mal en peor al nacer Jaime, en Junio de 1811. Sin embargo, mejoró su fortuna, y entonces determinó dar una buena educación a su hijo Jaime, que mostraba felices disposiciones de inteligencia.

SU TENAZ INVESTIGACIÓN DE ALGO VISTO ENTRE SUEÑOS

Así el muchacho fue enviado a la mejor escuela del distrito, donde estudió con ahínco, mientras ayudaba a su padre en el horno y en la tienda durante las horas que la escuela le dejaba libre. A los catorce años, Simpson fué enviado a la Universidad de Edimburgo, y a los veintiuno obtuvo el título de Doctor. En sus estudios en los hospitales Simpson se estremecía ante los padecimientos a que la gente debía someterse, y a menudo se preguntaba cómo se podría aliviar tanta miseria.

Ganada una envidiable fama como médico, Simpson oyó hablar de experimentos hechos en Norteamérica con éter, y que, después de inhalarlo, habían podido arrancar a un individuo una muela cariada sin que sintiera ningún dolor. Quien descubrió el uso del éter para este objeto, el 30 de Septiembre de 1846, fué el doctor W. T. G. Morton, dentista de Boston, el cual realizó experimentos delante de varios individuos en un hospital.

El doctor Simpson comenzó sus ensayos. No creía que el éter fuese la mejor droga. Él y dos amigos suyos probaron toda suerte de cosas que hiciesen dormir. Eran valerosos hasta la temeridad, mas los hombres parece que nunca consideran el peligro cuando van en busca del medio de salvar las vidas de otros hombres. Durante diez meses Simpson trabajó en su problema, mas no estaba satisfecho todavía.

UNA BOTELLITA, DESDE MUCHO TIEMPO OLVIDADA, QUE LLEGÓ A SER HISTÓRICA

Durante este tiempo realizó operaciones con éter, mas aun andaba en busca de lo que consideraba la substancia ideal para producir el sueño.

Por último, una vez ensayadas todas las drogas que le fueron enviando muchos químicos, sin que se hubiese conseguido un éxito completamente satisfactorio, Simpson se acordó de una botellita de líquido que un químico escocés, residente en Liverpool, le había remitido.

Le había parecido que no era aquello de ningún modo la cosa que podía ayudarle en sus ensayos y la había guardado y olvidado en su laboratorio. Pero a altas horas de una noche de Noviembre, en 1847, Simpson la buscó y dió con ella e inmediatamente vertió un poco de su contenido en un vaso e inhaló su fuerte olor.

¡Suponed que hubiera sido demasiado fuerte!. ¡Suponed que el sueño no hubiera de tener un despertar!. Comprendemos el cloroformo ahora, sus maravillosas propiedades, su piadoso poder de dejarnos inconscientes. Mas entonces todo era misterio y duda.

Pronto le sobrevino un sueño profundo y pesado. Cuánto duró, no lo sabemos, pero Simpson volvió en sí, diciendo: « Esto es mucho más fuerte y mejor que el éter ».

EL PRIMER EMPLEO DEL CLOROFORMO, PARA AHORRAR SUFRIMIENTOS A LOS HOMBRES

Ahora bien, el cloroformo había sido descubierto en 1831 por dos químicos al mismo tiempo, mas independientemente uno del otro. Nadie sabía nada acerca de su composición hasta que, en 1835, fué analizado y descrito por un gran químico francés llamado Dumas. El amigo escocés de Simpson parece haber sido el primero que lo conoció en Inglaterra.

Simpson tenía una numerosísima clientela como médico, y comenzó desde luego a usar el cloroformo para sus operaciones. El éxito fué asombroso. Lo creía mejor que el éter, pues era de más fácil obtención, más fácil de tratar y de tomar.

El éxito del descubrimiento de Simpson fué brillante. Operó con él en un hospital de Edimburgo, en presencia de gran número de médicos y estudiantes, entre ellos el mismo Dumas, quien, doce años antes, había analizado y descrito el cloroformo. Se regocijó mucho del empleo a que Simpson lo destinaba, sin sentir la más leve envidia por su triunfo.

Mientras tanto, otros médicos continuaban sus experimentos con el éter, consiguiendo buen resultado. Así, pues, ya existían dos drogas que ahorraban el dolor.

Los hombres han descubierto otras drogas que producen lo que se llama anestesia local. Esto significa que se impide a los nervios el transmitir la sensación de dolor al cerebro, que permanece lúcido. Unas rociadas sobre la piel, hielan la carne. Otras simplemente paralizan los nervios, como la cocaína y la eucaína. Otras son inyectadas entre las vértebras e impiden el paso de la sensación.

Ya era posible realizar las más delicadas operaciones sin que el paciente experimentara el más leve dolor, y casos que antes hubieran parecido desesperados, fueron desde entonces relativamente sencillos. Más esto nos lleva a otros ejemplos maravillosos de los medios por los cuales la naturaleza nos conduce hasta el saber definitivo.

El número de operaciones quirúrgicas aumentó en gran modo, pero el número de muertos aumentó también. La cifra de mortalidad en los hospitales llegó a ser pavorosa. Las operaciones en sí tenían un éxito absolutamente bueno; lo fatal eran los procedimientos posteriores. Las heridas que el bisturí del cirujano había abierto, no sanaban; docenas de muertes se seguían por la gangrena. Los pacientes sentían un profundo pavor; los mismos doctores estaban espantados de su obra.

LUIS PASTEUR, QUE ESTUDIÓ LOS MICROBIOS A TRAVÉS DEL MICROSCOPIO

Mientras esto ocurría, un joven francés trabajaba en un problema que iba, inesperadamente, a arrojar mucha luz sobre la cuestión. Su nombre era Luis Pasteur, y había nacido en Dóle, en Diciembre de 1822. Su padre había sido soldado de Napoleón, pero al dejar el ejército, y se había establecido como curtidor. Luis amaba mucho a su padre, y tanto sentía el estar lejos de su casa, que enfermó de nostalgia.

« Si tan sólo pudiese oler a la tenería otra vez me sentiría bien », murmuraba. Fué enviado a su casa, pudo oler su querida tenería, y se restableció. Entonces volvió a sus estudios.

El microscopio había sido muy perfeccionado por José Jackson Lister, y de ser un juguete había pasado a ser un instrumento científico. Con uno de estos nuevos microscopios Pasteur estudiaba las más diminutas formas de vida.

« ¿De qué puede servir el estudiar esos ridículos microbios minúsculos? » preguntaban perplejos sus maestros.

LO QUE RESULTÓ DEL ESTUDIO DE LOS «RIDICULOS MICROBIOS MINÚSCULOS», POR PASTEUR

Luis era más sabio que ellos y siguió trabajando. Para resumir, una cuestión de importancia para la humanidad es ésta: que la cerveza, el vino y la leche se tornaban agrios si se los expone al aire. ¿Por qué?.

Porque hay en el aire millones de diminutas criaturas que llegan al líquido y lo corrompen, ocasionando un cambio químico. Ahora bien, esto parece poca cosa, dicho de esta sencilla manera; pero es uno de los más grandes descubrimientos que se han hecho jamás. Veamos a donde condujo.

Recordemos cuan pavorosas eran las muertes en los hospitales. Pues bien, uno de los más ilustres varones que estudiaron las causas de estas muertes, fué José Lister, hijo segundo del sabio, cuyo microscopio usaba Luis Pasteur. José Lister fué más tarde conocido como el ilustre Lord Lister, el primer cirujano de su tiempo. Nació en Upton, Essex, Inglaterra, cinco años después del nacimiento de

Pasteur.

HOMBRES QUE ALIVIARON LOS SUFRIMIENTOS DE LA HUMANIDAD

Pocos médicos han ahorrado tantos sufrimientos al mundo como Sir Jaime Simpson, que descubrió el uso del cloroformo para hacer al paciente insensible. Hizo el primer experimento en sí mismo, y fué hallado desvanecido en el suelo de su laboratorio, donde había caído después de aspirar cloroformo

El gran químico francés Luis Pasteur, que aquí vemos en su laboratorio, debe su fama al descubrimiento de un método para proteger a la gente contra la hidrofobia, la terrible enfermedad producida por la mordedura de un perro rabioso. El método de curar es semejante al de la vacuna contra la viruela

Cuando Pasteur dió a conocer sus descubrimientos sobre las diminutas criaturas que vuelven agrios el vino y la leche, Lister vio que el efecto debe ser el mismo en cuanto a las lesiones del cuerpo humano. Vió que las lesiones graves podían ser curadas mientras la piel no estuviese cortada o rota; mas si la piel estaba cortada o rota, entonces se seguía aquella terrible corrupción de la carne, la gangrena de hospital, como se la llamaba, que mataba a tantos pacientes cuando habían sido operados, gracias a la nueva fuerza que Simpson pusiera al servicio del hombre. Lister vió que si se podía apartar a estas pequeñas criaturas, los microbios, de la herida, el paciente se restablecería.

¿Cómo se haría esto?. El aire se encuentra y penetra por todas partes, y en el aire hay millones de microbios. Pensó entonces que el único medio de esterilizar la herida era aplicarle un poderoso desinfectante en el cual los microbios no pudiesen vivir. Así empezó aplicando fuerte ácido carbónico a la herida. Esto atajaba la gangrena, pero el ácido era tan fuerte, que la carne no sanaba sino muy lentamente.

Se estaba todavía en los comienzos de lo que llamamos cirugía antiséptica, la cirugía que impide el envenenamiento de la sangre por la introducción de los gérmenes dañinos, o microbios, en las heridas.

Poco a poco Lister perfeccionó sus métodos. Desechó el fuerte ácido carbónico para la herida; echó mano de un ácido más flojo, luego empleó una pulverización en la atmósfera y dejó de emplear el ácido en la herida, esterilizando el aire en vez de esterilizar aquella. Por último comprendió que el verdadero camino es esterelizar no sólo el aire, sino también cuanto se pone en contacto con la herida, los instrumentos, las manos del médico, y todos los objetos de la habitación.

Era un descubrimiento magnífico en su sencillez. En realidad todo se reduce a esto: realicemos las más complicadas operaciones, y luego no nos queda que hacer, para la cura de la herida, sino mantenerla en condiciones absolutamente higiénicas, y la naturaleza, más sabia que todos los médicos, hace el resto. La herida por si sola puede sanar.

Para permitirle realizar su obra debemos usar de aseo, un perfecto aseo en su más amplio sentido.

CÓMO PASTEUR ATAJO UNA PLAGA SALVANDO UNA DE LAS MAS RICAS INDUSTRIAS FRANCESAS

He aquí lo que estos dos grandes hombres, trabajando en países diferentes, hicieron por la humanidad. En Francia, Luis Pasteur, el químico, y en Inglaterra, José Lister, el cirujano, trabajaban a una, sin haberse nunca visto, para salvar a sus semejantes por medios que los hombres más sabios del mundo no habían soñado hasta allí, dominando factores cuya existencia era desconocida a los demás hombres.

Desde luego, sólo hemos pasado los ojos por una parte de la obra de Pasteur. Nada le parecía demasiado difícil de intentar. Una plaga atacó a los gusanos de seda, causando daños enormes a Francia. Pues bien; Pasteur no había visto en su vida un gusano de seda; estudió el problema y atajó la plaga, restableciendo en Francia la prosperidad de su industria sedera.

UN QUÍMICO QUE HACE A FRANCIA UN REGALO POR VALOR DE CIEN MILLONES DE PESOS

Esto solo, se ha dicho, fué como si hubiera regalado a Francia un centenar de millones de pesos. Luego desterró el cólera de las gallinas; nos demostró cómo una terrible dolencia llamada ántrax podía ser casi totalmente extinguida. Por último, nos enseñó el modo de curar los efectos de las mordeduras de perros rabiosos, y cómo evitar que los perros se contagien la rabia.

No puede darse vida más admirable que la suya. Solía decir que el único secreto de su ciencia estribaba en su divisa: « Trabajar, siempre trabajar ». Murió en Septiembre de 1895, pero su obra vive en las vidas de las gentes, gracias a él curadas.

Podríamos ampliar más la historia de Lord Lister, pero lo que él ha hecho en cirugía, aunque de máxima importancia, es demasiado técnico para que nosotros lo entendamos.

Más debemos todos saber que ha obrado en cirugía la mayor revolución de los tiempos modernos. El sistema de hospital ha sido cambiado completamente por su obra, y ha puesto en manos del cirujano fuerzas que hacen de éste el hombre más admirable del mundo.

Apenas hay nada imposible para el cirujano moderno. Puede darnos narices y labios nuevos. Puede realizar con el corazón cosas que parecen milagros; puede volver a los locos, cuerdos, por medio de operaciones en su cerebro; puede reparar nuestros órganos internos casi con la facilidad con que un constructor de instrumentos de música puede reparar un piano.

Más aún queda mucho por hacer; quedan pavorosas dolencias por dominar. El cáncer sigue siendo uno de nuestros más terribles enemigos. Algún nuevo Lister o Pasteur, es de esperar, descubrirá su curación antes de que envejezcan los que de nosotros son ahora jóvenes. La tuberculosis es otro azote terrible.

EL PROFESOR KOCH, MUERTO EN 1910, DESCUBRIDOR DEL GERMEN QUE MATA A MILLONES DE GENTES

Uno de los sabios que más tiempo y atención ha dedicado a esta dolencia, es el Profesor Roberto Koch, nacido en Klaasthal, Alemania, en 1843. Siguió también las huellas de Pasteur y así descubrió el germen que engendra el cólera y la tisis, así como resolvió el misterio de algunas de las fiebres más antiguas, y proveyó a la curación de las mismas.

Más respecto a la tuberculosis, mucho es de temer que errase cuando afirmó ante el mundo que la tuberculosis de las vacas no podía ser transmitida a los seres humanos que beben leche de éstas.

Su esperanza de haber encontrado un remedio para la tisis no había sido justificada todavía. Esta es una de las tragedias de la humanidad; mas no carece de alguna compensación, pues el compuesto que debía protegernos contra la tisis resulta un medio infalible para averiguar si el ganado es tuberculoso, poniéndonos así en guardia contra animales que, a pesar de la primera teoría del gran profesor, podrían contagiarnos la enfermedad por medio de la leche.

La obra del Profesor Koch no sólo se limita al estudio del bacilo que lleva su nombre, sino que también abarca extensas zonas de la quimioterapia, o cura por medio de sustancias preparadas sintéticamente en el laboratorio, o sean preparados químicos. Koch fué uno de los primeros en abordar el estudio científico de estos problemas. Sus notables ensayos tuvieron enorme significación.

Al observar que el bicloruro de mercurio es un microbicida muy poderoso, Koch pensó que podía emplearlo como desinfectante interno, es decir que introducido en el cuerpo del paciente, matara los gérmenes que producen la enfermedad y así salvar el organismo.

Ahora bien, existen muchas sustancias que pueden matar los bacilos dentro del cuerpo vivo, pero todos presentan el inconveniente que su acción no solamente mata al intruso que produce la dolencia, sino que también acarrea graves trastornos al paciente. El problema del sabio alemán era conseguir una droga que sin causar ninguna perturbación al organismo y que curara completamente.

Las inyecciones de bicloruro mataron al animal de experimentación a que fueron aplicadas, y así, el gran problema de la «desinfección interna» fué considerado corno un simple sueño.

El Doctor Koch, descubridor del microbio de la tisis, trabajando en su laboratorio

PAUL EHRLICH, UN DISCÍPULO QUE AVENTAJA Y GLORIFICA A SU MAESTRO

Paul Ehrlich que laboró activamente con Koch, y recibió de éste grandes pruebas del aprecio que sentía por su genio, no compartió el escepticismo de los sabios de la época frente a la idea de su maestro. Creía posible la esterilización interna del organismo. Pues, se decía, si podemos destruir muchos de los gérmenes infecciosos en las probetas de ensayo, también podremos destruirlos dentro del organismo, la probeta natural donde esos se alojan. El problema tiene una solución, la única correcta, y era para Ehrlich la enunciada por su maestro.

El gran problema era conseguir la droga que pudiera actuar contra los microbios sin lesionar el organismo, y a ello se aplicó con todas sus fuerzas el genial discípulo de Koch.

Ehrlich, que nació en Alemania en 1854, recibió su título de médico en el año 1878. Sin embargo, la práctica de la profesión no le atraía, y desde el primer momento se dedicó a las investigaciones bacteriológicas. Junto a Koch comprendió las ventajas del uso de elementos químicos para atacar los microbios, causa de las enfermedades infecciosas, y se propuso encontrar aquel que inyectado en el organismo vivo matara al causante de la enfermedad sin lesionar al paciente en sus órganos internos.

Realizó numerosas experiencias, y todas, aunque conducentes a su ansiada finalidad, dejaron grandes mejoras en el campo de la bacteriología. Descubrió el medio de colorear los tejidos vivos y pronto los anatomistas pudieron aplicar este método para el estudio de la constitución y distribución del tejido nervioso.

Creó procedimientos de diagnóstico, describió gérmenes morbosos, resolvió problemas químicos, pero toda esta labor, que muchas veces basta para conceder gloria a un hombre, palidece ante el gran descubrimiento de Ehrlich. Todos estos éxitos dejaban indiferente al tenaz sabio, pues ninguno era la solución de su gran ambición : descubrir un agente químico capaz de esterilizar los organismos vivos.

Sin embargo, su genio y perseverancia se impusieron, y un día pudo presentar al mundo una nueva droga, el *Salvarsán*, palabra que designa una droga arsenical para la salvación de la humanidad. La sífilis, enfermedad que durante siglos había azotado al hombre fué combatida con ese producto, y por primera vez se obtuvo un agente esterilizador interno de los organismos vivientes. Ehrlich preparó así el camino para nuevos y fecundos descubrimientos de la quimioterapia moderna.

UN GRAN DESCUBRIMIENTO OLVIDADO POR MUCHOS AÑOS

En 1922, en el pequeño laboratorio del Hospital de Santa María, de la Universidad de Londres, un biólogo que allí investigaba encontró que las lágrimas y la saliva humanas contienen una sustancia peculiar capaz de destruir gérmenes.

El biólogo que tal descubrimiento hiciera es el Dr. Alexander Fleming, quien fué llevado, en la prosecución de esas investigaciones, a mejorar la técnica para obtener cultivos puros de diferentes gérmenes.

En medio de sus trabajos se vió molestado por un moho que cubría los portaobjetos en que colocaba sus preparaciones. El fenómeno, que muchas veces ocurriera en todos los laboratorios del mundo, a nadie le había llamado la atención. Era un entorpecimiento muy simple en la tarea de todos los días.

Pero el Dr. Fleming advirtió lo que a todos pasara inadvertido : ¡ En el área invadida por el moho morían todos los gérmenes del preparado que había en la pequeña placa de cristal!. Observaciones más atentas le permitieron comprobar que ese moho tenía el aspecto de un pincel, siendo pues una variedad del hongo llamado Penicillium, y como consecuencia de ello llamó penicilina a la sustancia obtenida de los medios de cultivo en que vivió el moho.

Tan pronto como Fleming tuvo a su disposición una cantidad suficiente de penicilina, pudo verificar el poder aniquilador de la misma frente a gran número de bacterias, y encontró también que destruía a algunas y a otras no. La penicilina fué descubierta y descripta por Fleming en 1928, pero su trabajo despertó muy poca atención en aquella época.

UN COLORANTE CON PROPIEDADES ANTISÉPTICAS

Mientras el descubrimiento de Fleming caía en el olvido, pues en esa época se consideraba un «sueño» la idea de Ehrlich de encontrar un medio quimioterápico interno, en todos los laboratorios de Europa se trabajaba febril mente para producir colorantes que permitieran a las industrias textiles de sus respectivos países competir con las demás por la calidad y firmeza de sus colores. Desde 1917 se conocía un producto, la sulfanilamida, tintura que daba óptimos resultados en su aplicación.

Los químicos de Francia, Inglaterra y los Estados Unidos, procuraron preparar productos similares, y muchos derivados de sulfanilamidas aparecieron en el mercado, hasta que en 1932 fué patentado un colorante designado técnicamente como sulfamido-crisoidina, y comercialmente llamado Protonsil.

En el mismo año de 1932, el bioquímico alemán Gerardo Domagk comprobó que el protonsil, ese colorante que tan magníficos tintes brindaba a las telas, también tenía una función menos decorativa pero más útil, y que era anular a ciertas bacterias dentro del organismo de los seres vivos y sin dañar a éstos.

La noticia del descubrimiento de Domagk no se hizo pública hasta 1935, y cuando se conoció el maravilloso poder del protonsil, en todos los laboratorios se comenzó a investigar con la maravillosa droga. Domagk había encontrado que protegía a ratones contra dosis mortales de estreptococos, y bien pronto la misma experiencia se realizó en seres humanos con el mayor de los éxitos. La quimioterapia había encontrado un aliado más universal que el salvarsán de Ehrlich, pues no era específico para un tipo de germen, sino que combatía a gran número de éstos.

Las sulfas se convirtieron así en el medicamento del día, todos los tipos de infecciones encontraron en ellas sus declarados enemigos, y hoy, gracias al descubrimiento de Domagk, se salvan millares de vidas.

LAS NECESIDADES DE LA GUERRA ACTUALIZAN EL DESCUBRIMIENTO DE FLEMING

Al estallar en 1939 la guerra, se hizo imprescindible la posesión de un producto que fuera efectivo para combatir las infecciones provocadas por las heridas en los combatientes. El Dr. Howard W. Florey reanudó las experiencias de Fleming y pronto pudo contar con penicilina en cantidades apreciables. Con sorpresa comprobó que la penicilina no mata a los gérmenes sino que les impide desarrollarse y con ello da lugar a que las defensas orgánicas los destruyan. Además, la penicilina, cualquiera que sea la cantidad inyectada, no produce trastornos orgánicos.

LORD LISTER UN BENEFACTOR DE LA HUMANIDAD

ENTRE todos los hombres dedicados a fomentar el bienestar y progreso de la Humanidad, sobresale Lord Lister; pues, aunque honramos la memoria de hombres como Stéphenson, Marconi, Edison y otros muchos, cuyos inventos han sido la admiración del mundo, justo es reconocer que a Lord Lister debemos beneficios mucho mayores, puesto que merced a sus estudios se ha conseguido la supresión de muchas dolencias y desgracias humanas.

Este hombre ilustre halló la manera de salvar la vida a muchos seres que en tiempos anteriores hubieran sido desahuciados.

Fué, en suma, el más grande cirujano que ha existido. Allí donde nadie podía hallar la favorable solución de algún complicado proceso quirúrgico, él sabía hallarla.

Lord Lister ocupará siempre uno de los más altos puestos de honor en la historia de la Cirugía. Para apreciar mejor su talento, bueno será advertir que los doctores de la antigüedad eran muchas veces tan ignorantes del mal como los mismos enfermos.

Es verdaderamente asombroso que con tales médicos no se haya extinguido por completo la humanidad. De cuando en cuando se presentaban plagas que diezmaban naciones enteras. Una de éstas hizo en Inglaterra víctimas en número asombroso: casi la mitad de la población desapareció; los reyes huyeron a Francia. La « gran plaga » ocasionó sólo en Londres, 60.000 defunciones. Los médicos se vieron impotentes para atajar el mal que tales proporciones había tomado.

Más tarde se perfeccionaron la Medicina y la Cirugía, igual que otras ciencias apareciendo entonces en muchos países excelentes cirujanos.

El descubrimiento de Harvey, de la circulación de la sangre, produjo, aunque lentamente, una verdadera revolución. Dejó entonces el cirujano, igual que el médico, de ser un simple curandero, y de curar las dolencias con oraciones y artes mágicas. Para llegar a ser médico había antes que estudiar para poder ejercer esta profesión. La Cirugía llegó entonces a un alto grado; pero aun no se conocía el secreto de la anestesia, que hoy nos hace insensibles a las operaciones más dolorosas.

Toda operación lo era en extremo, pues la sufría el paciente estando en el pleno uso de sus sentidos. Es horrible recordarlo tan sólo. Si, por ejemplo, un niño sufría un accidente, como la rotura o fractura de un pierna o de un brazo, tenía que soportar la cura como una verdadera agonía, y nada había que calmase su dolor. Era imposible practicar operaciones en el interior del cuerpo, pues nadie se sentía capaz de resistir padecimientos tan enormes.

El descubrimiento de las propiedades anestésicas del cloroformo, fué cambiando radicalmente los métodos de curación. Sir James Young, en Inglaterra, y los doctores Long, Wells y Morton en los Estados Unidos, hicieron posible esta mejora con sus descubrimientos y experiencias. Esto ocurría el siglo diecinueve. Desde entonces las operaciones son más arriesgadas, pero menos dolorosas que antes.

Así pues, puede el cirujano invertir en la operación el tiempo necesario desde el momento en que el paciente queda convertido en un cuerpo inanimado. Igualmente puede ahora rectificar en caso necesario su plan.

¿En qué consisten, pues, las maravillas debidas a Lord Lister, si la cirugía se hallaba tan adelantada, merced al uso del cloroformo?.

El año 1847 comenzaron a hacerse operaciones con cloroformo en Inglaterra. José Lister contaba entonces veinte años; era natural de Upton, en Essex, que hoy es un barrio de Londres.

EL HOMBRE QUE SALVO MILLONES DE VIDAS

No es exageración decir que este sabio salvó millones de vidas, pues con su maravilloso descubrimiento dió seguridad a las operaciones; hasta entonces, de cada cien casos, noventa terminaban con la muerte

Al parecer, había logrado la Cirugía todos sus perfeccionamientos, antes que Lister se hiciera famoso. Pero no era así. Quedaba en pie la resolución del más difícil de sus problemas.

El padre de Lister fué un comerciante que logró hacer fortuna convirtiendo el microscopio, de un simple juguete que era, en un instrumento de gran valor científico. Hasta entonces, se componía solamente de un par de lentes que, aumentando un poco el tamaño de los objetos, desfiguraba sus imágenes.

LA UNIVERSIDAD DE GLASGOW, LUGAR DONDE COMENZO LISTER SU GRAN OBRA LORD LISTER

Lister, el padre, construyó un hermoso instrumento de gran aumento, que fué más tarde un auxiliar de la Ciencia. Su hijo José heredó su afición al estudio, y se decidió por la Cirugía. Se graduó bachiller en la Universidad de Londres, el mismo año de la introducción del cloroformo en la Cirugía.

Continuaba estudiando en la Universidad y se dedicó a los más difíciles casos, llegando a ser cirujano interno en el Hospital del Colegio de la Universidad.

Se presentó entonces la terrible plaga de la gangrena. Fué la inmediata consecuencia de la aplicación del cloroformo; sin embargo, aumentó notablemente el número de operaciones. Ya no se operaba solamente por lesiones, sino que también se aplicaba la cirugía en determinadas enfermedades. Pero pronto apareció un nuevo enemigo de la humanidad: la gangrena. Era ya antes conocida; pero, merced al escaso número de operaciones, no se notaba tanto.

Después se observó que las heridas se infectaban, sobreviniendo en breve un envenenamiento de la sangre, que en la mayor parte de los casos acarreaba la muerte. Y, a pesar de lo mucho que esto se estudió, nadie pudo dar con la causa. Simpson, que era quien había introducido el cloroformo, se horrorizó al ver el daño que ocasionaba.

Durante años enteros consagró su vida al estudio de este fenómeno. Creyó, primero, que la infección sobrevenía del aire insano de los Hospitales y creyó encontrar el remedio, no utilizando sino durante un corto número de años un Hospital.

Mientras tanto, Lister estudiaba en silencio e ignorado de todos tan arduo problema. Y no sólo en Inglaterra se indagaban las causas de este mal, pues en los Hospitales de Europa, donde ya se había extendido el cloroformo, ocurría lo mismo.

Hizo tales estragos esta enfermedad, producida por los efectos del cloroformo, que no había quien se dejase operar ni quien quisiera arriesgarse a practicar una operación. De cada cien operados, morían de la gangrena setenta u ochenta.

Pero hubo alguien que no se desanimó. José Lister, al que nadie conocía, no se declaró vencido. Joven aún fué a Escocia, en donde un gran cirujano de Edimburgo, Mister Syme, con quien fué a pasar algunas semanas, le retuvo a su lado años enteros, haciéndole su discípulo predilecto. Luego se casó con la hija de su profesor.

Más tarde alcanzó una cátedra de cirugía en la Universidad de Glasgow, en cuyo Hospital causaba estragos la gangrena. El joven profesor dedicó entonces todos sus esfuerzos a indagar las causas de tal enfermedad.

Observó que el mal sucedía a la operación cuando la piel estaba rota o cortada. Fué admitido en el hospital un hombre que tenía rota una pierna. Pero su piel no estaba desgarrada y Lister observó que aquel hombre se salvaría.

En una cama de al lado había otro cuya piel estaba desgarrada; este probablemente se moriría. Sin embargo, los médicos creyeron que, esto era tan sólo una casualidad. A los enfermos se les cubrían las heridas con cataplasmas de linaza para preservarlos del aire, creyendo así evitar la infección.

Otros hicieron que la herida estuviese continuamente mojada con agua; pero estos procedimientos no dieron resultado. Conviene recordar que entonces eran muy poco conocidos los microbios, que lo mismo se encuentran en el aire, que en el agua, que en cualquier objeto. El microscopio del padre de Lister demostró que los microbios causaban la muerte a los heridos.

Pero lo que ignoraban los doctores es que los microbios se combaten con microbios. Este descubrimiento lo hizo el gran químico francés Pasteur. Mientras tanto Lister continuaba trabajando y se acercó bastante a la verdad. Todo ello era debido a la falta de higiene. No era, sin embargo, tan fácil como parece higienizar los tratamientos.

Comprendió que para el mal bastaba evitar los microbios; pero, ¿cómo hacerlo?. ¿Cómo podría combatirse a un enemigo tan pequeño, pero tan numeroso?. Un nuevo invento, el ácido fénico, vino a ayudar a la Ciencia, puesto que descubrieron que era un gran desinfectante para toda clase de heridas.

Con inmensa satisfacción dió Lister a conocer los resultados de tal aplicación al mundo médico, quien, al principio dudó de la eficacia del ácido fénico.

Con más ahínco que nunca siguió Lister observando y estudiando la herida, que de tal manera había tratado y que con gran alegría suya obtuvo resultados satisfactorios.

Protegida por una capa de ácido fénico la herida, progresaba rápidamente, dejando la piel como si no hubiera sido desgarrada.

A pesar de esto, no cejó el sabio en sus observaciones; pues, aunque el ácido fénico alejaba de la herida los gérmenes infecciosos, era demasiado fuerte para ponerlo en contacto directo con la carne viva, lo cual impedía a los tejidos curar tan rápidamente como se deseaba. Entonces se pensó esterilizar el aire mismo, para librarle de los microbios que contenía. Inventó Lister un dispersador con el cual se fumigaban las habitaciones con fénico. El éxito fué positivo.

De todas maneras Lister no paró ahí. Poco a poco, y después de muchos y nuevos experimentos, vió que no era el aire el que había que combatir. Era el médico mismo, sus instrumentos, sus manos, sus ropas, lo que necesitaba la más estricta desinfección y cuidado.

Desde entonces mandó hervir sus instrumentos e hizo lavar a sus médicos con líquidos capaces de matar cualquier microbio por resistente que éste fuese. También esterilizó sus toallas y vendajes. De todo ello sacó en conclusión que merced a estos cuidados podía prescindir del ácido fénico, del fumigador y de otras muchas cosas que hasta aquel momento se habían empleado.

Estos progresos, al parecer tan sencillos, llevados a cabo por Lord Lister, fueron en un principio atacados y censurados por sus compañeros. Aquel nuevo método de curación les parecía demasiado simple para dar buenos resultados. Pero si sus compatriotas no dieron a su descubrimiento el valor que tenía, no faltaron sabios de otras naciones que lo acogieron con verdadera fe.

Los alemanes enviaron sus estudiantes para que aprendiesen los benéficos métodos de Lister, los cuales se extendieron muy pronto por los hospitales de Alemania, obteniendo resultados maravillosos. En estos hospitales, lo mismo que en los de Inglaterra, en donde se practicaban las curas de Lister, desaparecieron las terribles operaciones que acarreaban una muerte segura.

Como era de esperar, no tardaron mucho tiempo en el país a hacerle justicia. Se reconoció que el diez por ciento de las operaciones que se complicaban, presentándose inflamaciones infecciosas que producían un envenenamiento de la sangre, eran por falta de cuidado en el operador, que había introducido en la herida gérmenes malignos, ya por conducto de sus instrumentos, ya por cualquier otra cosa insignificante que hubiese pasado desapercibida a su vista.

No podemos ahora nosotros comprender el paso gigante que, con la cura de Lister, dió la cirugía. Nuestros bisabuelos aun pueden decirnos algo sobre esto, y recordar con horror los hospitales y, sobre todo, las salas de operaciones.

Les causaba más pánico la sala de un cirujano que un campo de batalla. Por fortuna y merced al sabio Lord Lister, todo ello ha desaparecido ya. La memoria de este hombre, ha sido y será siempre honrada por todo el mundo civilizado.

Sus visitas a las grandes ciudades europeas, revistieron siempre carácter de un gran acontecimiento, y los recibimientos que se le dispensaban eran dignos de un rey. Y rey de la ciencia podemos proclamarle, puesto que supo vencer a la muerte, que se presentaba en forma dé dolorosas y tristes enfermedades.

Todos los que sufren operaciones, pero especialmente los niños, de los cuales era muy amante el sabio doctor, deben bendecir el nombre de Lister, que con su noble estudio y su amor abnegado a la Humanidad, ha salvado, y salvan hoy con sus procedimientos los cirujanos de nuestros días, infinidad de enfermos que tendrían una muerte segura. A él le debemos que hoy se efectúen tan difíciles y maravillosas operaciones con éxito seguro, y la inconsciencia del dolor en los pacientes.

Lord Lister fué el tipo del perfecto caballero. Elegante sin afectación, sencillo y modesto. Las naciones extranjeras le colmaron de honores. Su propia nación le concedió la más alta dignidad que podía darle, elevándolo a la nobleza.

Hospital del colegio de la Universidad, donde Lister estuvo de interno

SALA DEL HOSPITAL DE NIÑOS DE « GREAT ORMOND STREET », EN

LONDRES

UN MAGNIFICO EJEMPLAR DE NOGAL

Este gran árbol, de veinte y ocho metros de altura y el que parece a primera

vista un resto de antigua foresta, sólo tenía veinte y dos años cuando se

hizo la fotografía, y fue sembrado por Luther Burbank, con dos estacas, una

de nogal negro procedente del Este de los Estados Unidos, y otra de nogal

negro de California. En 1878 Mr. Burbank comenzó a hacer experimentos

con los nogales, fracasando algunos, aunque a los siete años de esfuerzos y

paciente trabajo, pudo producir dos nogales valiosos, uno de ellos el

nombrado Paradox, y el otro, que es el que aparece en el grabado, llamado

Nogal Real. Abajo, en el medallón, aparece Mr. Burbank en los días de su

juventud

UN TRABAJO MÁGICO CON LAS PLANTAS

En las siguientes páginas se describen los admirables trabajos de Mr. Lutero Burbank, de California, en los Estados Unidos. Este hombre fué el primer hombre con registros escritos que introdujo modificaciones en las plantas, a su antojo. Sin embargo, los medios de que se vale son muy sencillos. Primero, selecciona la especie vegetal, cuyas cualidades quiere mejorar; siembra luego los plantones y escoge, de entre los ejemplares ya crecidos, aquellos que muestran aumento en la cualidad requerida; vuelve a sembrar las simientes de estas plantas seleccionadas y con la sucesiva repetición de este procedimiento, consigue obtener ejemplares muy diferentes de la planta original. Luego, mediante el cruce o el injerto de diferentes plantas se obtienen nuevos y raros resultados. Este capítulo habla también de algunas de las extrañas plantas así obtenidas, y de lo que Mr. Burbank espera lograr

aún

DECIR que está en nuestra mano alterar los frutos y las flores, mudar su fragancia y su color, variar el trigo de que fabricamos nuestro pan, parece cosa fantástica; pues apenas se puede creer que variar la forma, el color y la fragancia de las flores esté a nuestro alcance, y que con nuestra voluntad, podamos producir árboles de frutas antes desconocidas. Estamos acostumbrados a las frutas y flores, tales como las vemos ahora, y pensamos que siempre han sido así. Sin embargo, en el mundo de las plantas han ocurrido cambios maravillosos.

Por ejemplo, la fresa cultivada es fruta mucho mejor que su antecesora la fresa silvestre, y esta mejora procede del esmero con que se ha cuidado a esta planta durante mucho tiempo. Al principio la gente se satisfacía con el saborcillo agrio de la fresa silvestre; y si se trasplantaron los fresales, no fué pensando mejorar el fruto.

Sin embargo, después sólo se cuidaron las mejores plantas,

rodeándolas de cuanto necesitaban para su mejor crecimiento. De esta manera se vino a conocer el arte de mejorar las fresas, y hoy, en los fresales de cultivo, se hallan fresas de tamaño, color y sabor muy diferente; mas para llegar a esto se ha tardado trescientos años.

QUE PODEMOS ESPERAR

Después de largo e inteligente trabajo experimental hemos aprendido que las cualidades y disposiciones naturales se pueden modificar en la dirección que deseemos, de modo que los resultados apetecidos se produzcan al poco tiempo. Es fácil descubrir el procedimiento de la naturaleza, de modo que, cualquiera, sin grandes dificultades, puede hacer germinar plantas, frutos y flores nuevos, más útiles y hermosos que los que hasta ahora conocemos. No sólo podemos hacer brotar nuevas plantas, sino mejorar las existentes. Nos esperan, pues, nuevos y mejores granos, mejores vegetales de todas formas, tamaños y sabor; todas las propiedades venenosas pueden extirparse; podemos tener plantas que resistan los efectos del sol, viento, lluvia y heladas; frutas sin pepitas, simientes o pinchos.

LUTERO BURBANK Y SU OBRA

El hombre que con éxito más satisfactorio ha cambiado y alterado las plantas es Mr. Lutero Burbank, conocido como el gran criador de plantas norteamericano. Nació en Lancáster, de Massachusetts, el 7 de marzo de 1849; hijo de un hacendado, amó la naturaleza desde pequeño, pero amarla no le bastaba; procuró entenderla, y de esta intención, unida a su grande afición a la Flora, le permitió hacer con las plantas osas, que ni soñadas. Siendo aún tosas, joven, se dedicó a la jardinería, para vender las flores y semillas y en esa misma época obtuvo la patata Burbank.

En 1875 dejó Nueva Inglaterra y se trasladó a Santa Rosa, California, donde ha vivido desde entonces dedicado a sus trabajos. Santa Rosa es un pueblecito californiano, situado en un valle muy fértil; su suelo es rico y variado, su clima excelente, por lo cual se adaptaba muy bien a los trabajos que Mr. Burbank se proponía realizar. Vive éste en una casita de campo, cubierta de parras y enredaderas floridas, y rodeada de sus célebres jardines. Sus campos de experimentación se hallan en un lugar cercano a Sebastopol.

Sin desmayar un instante prosigue sus experimentos con toda clase de plantas; algunos de estos experimentos han requerido un estudio constante de veinte, veinticinco y aun más años. Es tan laborioso, que no pierde un minuto de tiempo ni quiere que nadie lo pierda. En sus jardines hay u gran letrero que anuncia a los visitantes serles solamente permitida una visita de cinco minutos.

El procedimiento que sigue Mr. Burbank con las plantas no es un secreto. La mayor parte de los cambios que obtiene en la vida de las plantas, los obtiene mediante la selección o el cruzamiento. Primero hablaremos acerca de la selección, ya porque parece el procedimiento más sencillo, ya también porque cualquier persona, hombre, mujer o niño, podría emplearlo, con sólo tener paciencia y afición al trabajo.

QUE ES LA SELECCIÓN

Ya sabemos que en toda planta existe una tendencia a diferenciarse de las demás de su especie. No hay dos plantas completamente iguales. Una es más fuerte que otra, las flores de ésta son más brillantes que las de todas las otras, o bien la misma flor es mayor en todos respectos, que las demás. Mr. Burbank vigila la aparición de estas cualidades, que estima muchísimo, y no pierde de vista la cualidad que espera obtener. Frecuentemente siembra de 100 a 10.000 semillas de una especie determinada, y cuando crecen, escoge 10 ó 50 de ellas y las deja crecer, madurar y echar simiente. Surgen con ello nuevas plantas y de este grupo vuelve a escoger. A veces esta selección y replantación la efectúa repetidas veces, antes de estar satisfecho del resultado. Se hacen miles de experimentos para obtener una planta, y se producen millones de plantas, y se cuidan y luego se arrojan para encontrar unas cuantas dignas de cultivo. Tal vez la narración de cómo obtuvo su amapola carmesí, mostrará mejor de qué modo su plan de selección ha producido una flor enteramente nueva.

CÓMO SE FORMARON LAS NUEVAS AMAPOLAS

Los campos de California se doran a veces con una flor amarilla silvestre, llamada amapola californiana. Mr. Burbank observó cierta vez una flor que tenía en su interior una faja carmesí ¡Era bastante!.

Por aquella faja carmesí conoció que antes habían existido allí amapolas rojas, que fueron desapareciendo por una u otra causa. Sólo necesitaban una oportunidad para tornar a su primitivo color; veamos cómo se lo proporcionó Mr. Burbank.

Guardó aquella flor, y cuando echó semillas plantó éstas y pudo ver que las flores que salían, algunas poseían una faja roja mayor que la de la flor madre. Hizo una nueva selección y volvió a escoger las flores que mostraban en sus pétalos mayor cantidad de color rojo.

Procedió así varias veces hasta obtener la amapola roja, que ahora vuelve a parecernos natural del clima california. no. La amapola azul tiene una historia idéntica; de entre 200.000 semillas Mr. Burbank descubrió una flor con una débil faja azulada; la cuidó y lo demás fué cuestión de tiempo y paciencia. Mr. Burbank dice que no hizo nada maravilloso; solamente dió ocasión a las amapolas roja y azul para volver, y volvieron.

Parece que no se alcanza, hasta dónde puede llegar este procedimiento de selección, por el cual se han obtenido ya nuevas especies de trigo.

EL CRUZAMIENTO

El hacer cambios mediante el cruce requiere algún conocimiento de la estructura de las flores. No obstante, conociendo los órganos de la reproducción de éstas, la operación es fácilmente comprendida. El pistilo es el órgano femenino de la flor; está situado en el centro de ésta y contiene el rudimento de la semilla.

Lo rodean unos filamentos largos llamados estambres, que son los órganos masculinos de la flor y que tienen en sus extremos unos corpúsculos llamados anteras, en cuyo interior se elabora el polen, polvillo generalmente amarillento, necesario para el desarrollo de la simiente en el pistilo.

Cuando éste se halla suficientemente desenvuelto, está en disposición de recibir el polen. En muchas plantas puede realizar sus respectivas funciones en tiempos diversos y cabe muy bien que las anteras se desprendan del polen antes de que el pistilo esté en condiciones de recibirlo.

No obstante, el viento acarrea el polen en todas direcciones; y muchos insectos, especialmente la abeja, ayudan a llevarlo de flor en flor; pero, si el polen no llega al pistilo, éste muere y la semilla no puede desarrollarse.

Del mismo modo, si se cortasen las anteras antes de que descargasen el polen o se cubriese el pistilo con una funda de papel, para impedir que reciba polen alguno, el pistilo moriría. Y, si desapareciesen las demás flores de su especie, las semillas no podrían fecundarse. Esto nos demuestra cuán necesario es para el polen llegar de un modo u otro a la simiente.

CÓMO SE PUEDE LLEVAR EL POLEN

Si llevamos el polen de otra planta semejante y lo depositamos sobre la cima del pistilo, éste se desenvolverá, y se formarán las simientes como si no hubiésemos intervenido para nada. Esta operación es la que con tanta pericia ejecuta Mr. Burbank. Sostiene con una mano la flor, y con un cepillito de pelo de camello toma el polen de las anteras de otra flor y lo pone sobre el pistilo de la primera; esta operación da a la flor el polen necesario y de la clase que el operador quiere. Luego cubre la flor con una funda de papel, de modo que no pueda recibir otro polen por el viento o los insectos.

Cuando la semilla está hecha se la siembra; y el resultado son flores que tienen algo de las que han intervenido en la formación de la simiente. De estas nuevas flores Mr. Burbank elige de nuevo, fecundiza otra vez con el polen que desea y guarda las simientes con idéntico cuidado. De cada siembra guarda las que eligen, y opera así hasta obtener el resultado apetecido.

DESARROLLO DE NUEVOS NOGALES

Así fué como se obtuvo el nogal. Se tomó polen de la flor del nogal inglés y se fecundó con ella el pistilo de la flor del nogal californiano. Se cuidó mucho aquella flor, y las nueces que produjo se plantaron con muchas precauciones. A los trece o catorce años los nogales de tres o cuatro metros de alto habían crecido de modo diverso que los dos árboles padres.

Son grandes y hermosos, pero no buenos productores de nueces. No obstante, a pesar de su rápido crecimiento, como unas cuatro veces más rápido que el del nogal inglés, la madera es excelente. Es fina y dura y de un color hermoso, y parece que será muy útil para la ebanistería. Delante de la casa de Mr. Burbank se extiende una hilera de nogales paradójicos.

Cruzando del mismo modo el nogal negro de California con una variedad Oriental, produce el nogal regio, árbol precioso, pero de lento desarrollo. No obstante, es muy fructífero. Tal vez algún día tendremos un árbol, en que se reúnan combinadas todas las cualidades apetecibles; de rápido crecimiento, muy fructífero, y de madera resistente y hermosa. Los experimentos hechos con árboles frutales producen sorpresa, tras sorpresa. Mr. Burbank ha obtenido como unas veinte especies nuevas de ciruelas y pasas, mucha variedad en manzanas, cerezas y membrillos, y una fruta enteramente nueva, la cirocoque, formada cruzando el albaricoque con la ciruela del Japón.

CIRUELAS Y OTRAS FRUTAS

La ciruela Barlett tiene una historia interesante. Mr. Burbank estaba comiendo cierto día una ciruela, y notó que tenía un gusto parecido al de la pera Barlett. Según su costumbre de seleccionar, se guardó la pepita y la sembró, y el resultado fue una ciruela que produjo frutos de gusto y fragancia idénticos a los de la pera de Barlett.

La ciruela Climax es el producto del cruzamiento de la ciruela amarga China y de la ciruela del Japón. Ha producido también ciruelas con pepitas muy pequeñas y ciruelas sin pepita.

COMO SE FORMAN NUEVAS ESPECIES DE MANZANAS

Algunas manzanas de las obtenidas por Mister Burbank son mayores y de mejor sabor que las ordinarias. Estas variedades son innúmeras. Lo mismo puede decirse de la cereza, melocotón y membrillo. Tal vez se diga que estos experimentos requieren la vida de un hombre; cierto, pero Mister Burbank vence al tiempo o lo disminuye empleando el injerto. La planta de semillero de una nueva variedad de planta o árbol se injerta a veces en una planta crecida o en un árbol viejo, con lo que se apresura su crecimiento.

La enjertación consiste en ingerir en la rama o tronco de una planta o árbol alguna parte de otro, en la cual ha de haber yema para que pueda brotar.

El injerto se nutre de la savia del árbol o planta en que se le ingiere; si no fuese por este procedimiento tardaríamos años enteros en saber qué clase de frutos se podría obtener, porque, por ejemplo, el desarrollo fructífero de un ciruelo tarda de unos seis a siete años. De entre muchos millares de plantas de semillero se escogen las mejores (tal vez 10 ó 20) y se injertan en las ramas de un ciruelo recio.

A la estación siguiente, el injerto da fruto. A veces, veinte y aun centenares de injertos se ingieren en un árbol fuerte. En cierta ocasión injertó 600 variedades de manzanas en un árbol ; las había verdes, rojas, agrias, dulces etc. En los ciruelos se hacen a veces injertos igualmente innúmeros. Si los frutos que resultan son los que se desea, se guardan, y mediante un nuevo injerto continúan creciendo.

NUEVAS BAYAS OBTENIDAS POR MÍSTER BURBANK

Después de sus éxitos con las manzanas y cerezas debemos nombrar los que ha obtenido con las bayas. De éstas ha producido unas veinte nuevas variedades de gran valor comercial: moras negras mejores, frambuesas, fresas y una baya nueva, la Primus, cruzamiento entre la frambuesa siberiana, fruto pequeño del tamaño de medio guisante obscuro, de muchas semillas e insípido, y la zarzamora occidental. Tiene las cualidades de ambas combinadas. Madura antes que todas las otras, y antes también de que las moras empiecen a florecer. Sin embargo, no recomienda el cultivo general de esta planta.

CÓMO QUITÓ LAS ESPINAS DEL CACTO

El cacto sin espinas es la obra mejor de cuantas ha realizado Mister Burbank. El cacto o higuera chumba, o nopal, es una planta de unos diez pies de altura que se compone, desde la raíz, de hojas en figura de pala, verdes, carnosas y erizadas de pinchos o púas.

Su fruto, el higo de pala, chumbe o de tuna, es comestible y de gusto dulce. Hay cactos sin hojas. Crecen ordinariamente, en las regiones cálidas y áridas, donde no puede existir por lo común otra vida vegetal. La piel espesa y dura conserva bien la humedad de los tallos. Tanto estos por los bordes, corno el fruto, están erizados de púas, lo cual impide que se empleen aquellos para alimento del ganado.

Quitar estas púas y mejorar los frutos fué trabajo largo y de mucha selección y cruzamiento. Para esto último se empleó una especie cáctea casi sin pinchos, y a la tercera reproducción, brotó el cacto sin púas. No obstante, cuando éstas no aparecían en los tallos, estaban en los frutos, y viceversa.

Pero continuando la operación con esta especie, se pudo obtener cactos absolutamente sin púas. Los frutos de esta planta, especialmente los del nopal (Cactus opuntia) son carnosos y de forma semejante a la pera.

Míster Burbank posee 500 especies de cactos comestibles con frutos amarillos, rojos, y verdes, y de vario sabor. Crecen en grandes cantidades y maduran en cualquier época del año. Sin púas y con el fruto mejorado, el cacto promete ser excelente alimento para el ganado en las regiones áridas; y en muchos sitios donde falta otra vegetación se ha empleado ya como forraje.

ALGUNOS FRACASOS

Podrían referirse muchos experimentos de Mister Burbank; pero hemos dado preferencia a los que tocan más de cerca a nuestra vida. No obstante, no todo le ha salido bien; en algunos experimentos le han sorprendido extraños e inútiles resultados. Cruzó una fresa con una frambuesa. Obtuvo una planta parecida a la fresa, que introdujo primero en tierra estolones parecidos a los de la fresa; más tarde brotaron unas varas altas como las de la zarza de la frambuesa.

Luego echó flores, más que los arbustos de la fresa y frambuesa; pero en vez de las bayas que se buscaban, sólo produjo pequeños granillos verdes.

Los castaños de 18 meses de edad produjeron castañas de dos pulgadas de diámetro; y aunque sólo tenían los árboles tres pies de altura se inclinaban bajo el peso del fruto.

LA NATURALEZA ES A VECES MAS SABIA QUE EL HOMBRE

A veces Mister Burbank ha podido observar que la naturaleza es más sabia de lo que él creía. Cuando quiso obtener un nogal con nueces de cáscara tan fina que se pudiera quebrar con los dedos, lo logró, pero los pájaros y ardillas encontraron tan fácil la rapiña del manjar, que Mister Burbank no pudo comer sus nuevas nueces. De modo que hubo de hacer que los nogales produjesen la cáscara de las nueces como antes. Lo mismo le aconteció cuando obtuvo castañas sin la envoltura espinosa.

Cuando la mora blanca, que él llama iceberg, se cruza con la frambuesa roja, la mitad aproximada de las plantas producen fruto semejante al de la frambuesa roja y la otra mitad fruto parecido al de la mora blanca, pero el sabor es una mezcla del de ambas.

Se cruzaron judías de todas clases en una gran extensión de terreno; algunas crecieron a veinte y más pies de altura; las había de todas clases y tamaños de vainas; algunas largas y delgadas con largos pedúnculos, otras largas con pedúnculos cortos; otras cortas con pedúnculos largos, mientras que algunas judías tenían pedúnculos tan cortos que las mismas vainas se doblaban hacia arriba en el suelo. De la judía blanca y encarnada se obtuvieron vainas de bandas, al paso que las mismas judías eran negras como el azabache. De este cruzamiento han salido las judías de todos colores.

UNA FLORECITA QUE MURIÓ

En el jardín de Míster Burbank había una planta pequeña con una florecita blanca. Creyó poder mejorarla cruzándola con otra flor determinada, y el resultado fué el hermoso mesembriántemo, que era una planta pequeña que producía profusas y brillantes flores.

Pero vivió poco, solamente cuatro años; después todas las plantas, fuese cual fuese el sitio en que estuvieran, murieron. La causa se ignora.

Míster Burbank no obra milagros. El mismo dice que sólo descubre inclinaciones de la naturaleza; después escoge, la estimula y guía en la dirección que él desea. Añade que puede hacer esto porque el mundo de las plantas es muy antiguo y rebosa vida. No hay experiencia que le parezca larga ni fracaso que le desanime.

« Mi ideal es poder indicar a los hombres el modo de cambiar todo el mundo de las plantas, para que sirva mejor a su necesidades y placeres ».

.

ACERCA DEL AUTOR

Pedro Daniel Corrado nació el 9 de Mayo de 1961 en el distrito federal Buenos Aires, Argentina. Estudió en instituciones educativas salesianas, y se graduó en 1979 en el colegio Pio IX.

Posteriormente recibió el título de Ingeniero en Electrónica en el Instituto Tecnológico de Buenos Aires con diploma de honor en Julio de 1987.

Fundó una empresa de Tecnología en Información en 1991 llamada PATH Sociedad Anónima.

Desde el año 1998 trabaja con la tecnología de bases de datos Oracle, y sigue con gran dedicación la evolución del lenguaje Java, así como todo lo relacionado con los formatos de almacenamiento de información XML, y gestión de documentos con los productos Oracle Content Management.

www.ingramcontent.com/pod-product-compliance
Lightning Source LLC
Chambersburg PA
CBHW070333190526
45169CB00005B/1876